Kennst du diese

Hunde

W0389379

Harry Glover

Illustrationen von John Francis
Deutsche Fassung von
Matthias Conert

Otto Maier Ravensburg

Inhalt

Deutsche Erstausgabe
als Ravensburger Taschenbuch Band 622,
erschienen 1980

Die Originalausgabe erschien im Verlag
Usborne Publishing Ltd., London
unter dem Titel "Spotter's Guide to Dogs"

Redaktion der Originalausgabe:
Rosamund Kidman Cox und Tim Dowley
Umschlag: Graphisches Atelier,
Otto Maier Verlag, unter Verwendung
des Umschlags der Originalausgabe

Printed in Italy

8 7 6 5 93 92 91

ISBN 3-473-38622-7

Wie man dieses Buch benutzt

In diesem Buch sind bekannte und häufiger vorkommende Hunderassen abgebildet. Es soll dir helfen, diese Tiere zu erkennen, wenn du bei deinen Spaziergängen Hunde siehst, oder wenn du eine Hundeausstellung besuchst.
Ursprünglich wurden die Hunde für bestimmte Aufgaben gezüchtet, z.B. als Schäferhunde, Jagdhunde, Schutz- und Wachhunde. Deshalb sind sie auch in diesem Buch so zusammengestellt worden.
Neben dem Bild ist eine kurze Beschreibung der Rasse, aus der du zusätzliche Informationen entnehmen kannst. Heimat, Verwendung, Charakter, Farbe und Größe sind hier angegeben. Neben dem Namen ist ein Kreis, in dem du jede Rasse abhaken kannst, die du erkannt hast. Auf den Seiten 61–63 findest du Punktekarten, in die du deine Beobachtungen auch eintragen kannst. Für jede erkannte Rasse erhältst du eine bestimmte Anzahl von Punkten. Am Abend kannst du sie zusammenzählen und sehen, wie erfolgreich du warst.

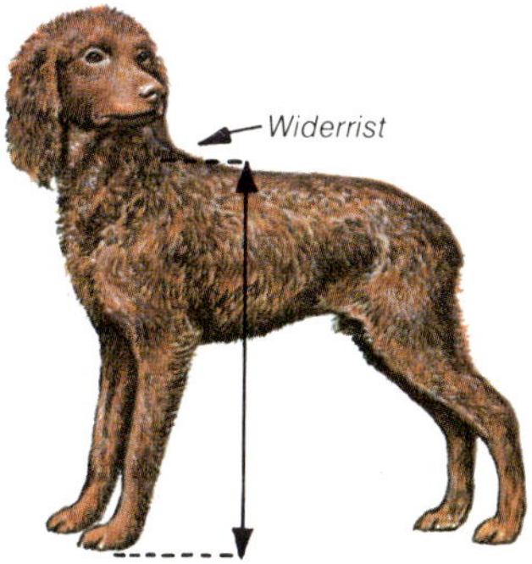

Die Größe eines Hundes wird vom Fußboden bis zum Widerrist gemessen.

Die Heimat der meisten Hunderassen

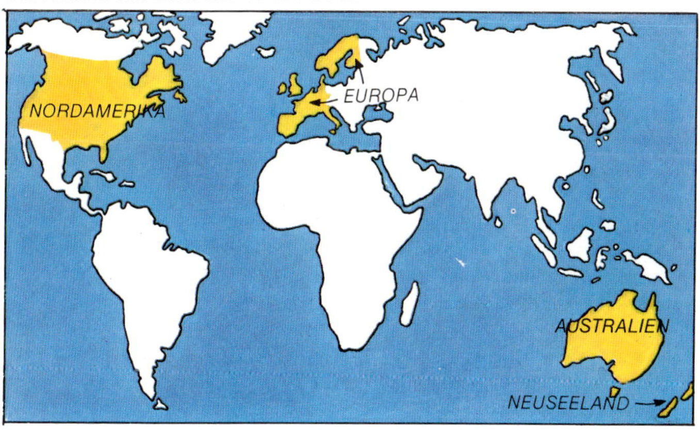

Rüde, Hündin und Welpe

Der männliche Hund wird Rüde genannt. Er ist kräftiger und kampflustiger als die Hündin, meist auch deutlich größer und fast immer etwas schwerer zu erziehen. Schon von klein auf muß man dem Rüden Gehorsam beibringen. Eine Hündin ist folgsamer und hat eine engere Beziehung zu ihrem Herrn. Sie wird 2–3mal im Jahre läufig, das heißt, sie ist jetzt zur Paarung bereit. Während dieser Zeit ist sie unruhig und in ihrem ganzen Verhalten verändert. Das dauert jeweils etwa 3 Wochen. Wird sie in dieser Zeit mit einem Rüden gepaart, so wirft sie nach einigen Wochen mehrere Junge, die man Welpen nennt. Wer Arbeit und Kosten nicht scheut, wird an diesen jungen Tieren viel Freude haben.

Das Äußere des Hundes
In diesem Buch werden viele Hunderassen beschrieben, und es wird dabei eine ganze Reihe von Fachworten gebraucht, die du sicherlich noch nie gehört hast. Einige findest du hier erklärt und abgebildet, andere kannst du auf der Seite 59 finden.

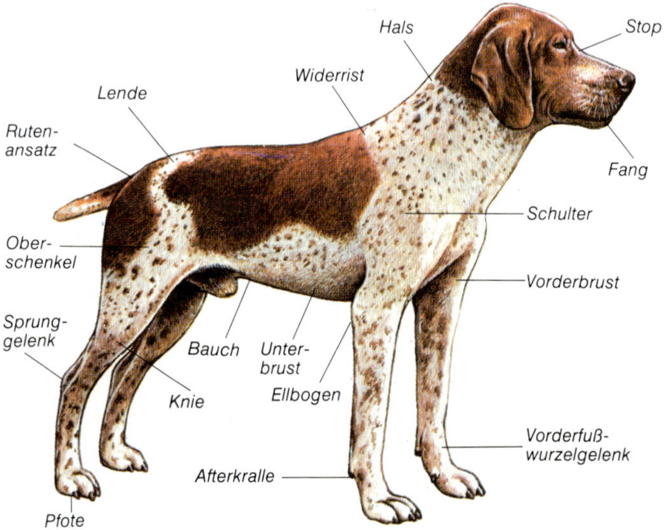

Ohren und Rute

Bei den ursprünglichen Hunderassen sind die Ohren dreieckig, schmalabgerundet und aufrecht. Bei den heutigen Zuchtformen sind sie stets größer, schmaler und spitzer. Man unterscheidet hier das hängende und das stehende Ohr sowie das Überfallohr.
Die Rute zeigt bei den Hunden die meisten Unterschiede. Sie kann entweder aufrecht oder hängend sein, sie kann gerade, nach oben gebogen, hakenförmig und sogar spiralig gebogen sein. Bei manchen Rassen wird sie kupiert, das heißt, beim Welpen wird ein Teil operativ und schmerzlos entfernt.

Rute, hochgetragen

Rute, hängend getragen

Hängendes Ohr

Aufrechtes Ohr

Überfallohr

Säbelrute

Ringrute

Fahnenrute

Laufhunde

Laufhunde wurden auf Schnelligkeit hin gezüchtet. Man verwendete sie, um Gazellen und Hasen sowie anderes Wild zu jagen.

► Saluki, Persischer Windhund ○

Heimat: Arabien. Wird in seiner Heimat bei der Jagd auf Hasen, Schakale und Gazellen eingesetzt. Ist sehr kinderlieb und intelligent. Weiches, glänzendes, glattes Haar. Alle Farben. 58–71 cm.

◄ Borsoi ○

Heimat: Rußland. Wurde ursprünglich bei der Hasen-, Wolfs- und Fuchsjagd eingesetzt. Ist sehr mißtrauisch gegenüber Fremden und friedliebend. Weiß oder weiß mit braunen Flecken. 72–76 cm.

► Afghanischer Windhund ○

Heimat: Afghanistan. Eine sehr alte Rasse. Wurde in seiner Heimat als Jagdhund verwendet und fehlt in Europa auf kaum einer Ausstellung. Sehr langes, weiches Haar. Alle Farben. 68–73 cm.

▸ Irischer Wolfshund ○

Heimat: Irland. Diese alte Rasse war bereits den Römern bekannt. Sie war Mitte des 19. Jahrhunderts fast ausgestorben, ist heute aber wieder weit verbreitet. Rauhes, krauses Haar. Rotfarben, schwarz oder weiß. Etwa 74 cm.

▾ Lurcher ○

Eine Kreuzung zwischen einem Windhund und einem Collie. Ist ein sehr schnelles Tier und jagt auch für sich allein. Rauhes Fell. Grau oder schwarz. 71–76 cm.

▴ Deerhound, Schottischer Hirschhund ○

Heimat: Schottland. Ist dem Irischen Wolfshund ähnlich, aber schlanker und leichter. Wurde vor allem für die Jagd auf Damwild verwendet. Ist heute selten geworden. Sehr gesellig, treu und klug. Mittellanges, rauhes, hartes Haar. Gelb, rötlich oder blaugrau. 71–76 cm.

Laufhunde

▶ Pharaonenhund
Heimat: Mittelmeergebiet. Wahrscheinlich eine der ältesten Hunderassen. Wird wegen seines hervorragenden Geruchssinnes bei der Hetzjagd eingesetzt. Hartes, dichtes, glattes Haar. Rot mit Weiß. 53–63 cm.

◀ Laufhund der Balearen
Heimat: Balearen. Wurde sowohl als Jagdhund als auch als Wachhund verwendet. Hat immer aufrechte, nach vorn gerichtete Ohren. Rauhes oder glattes Fell. Verschiedene Farben. 61–66 cm.

▶ Slaughi, Arabischer Windhund
Heimat: Arabien. Nördlich der Sahara weit verbreitet, bei uns aber selten. Hat große, dunkle Augen und einen etwas wehmütigen Ausdruck. Glattes, feines Haar. Sehr anhänglich. Sandfarben oder rötlich. 56–76 cm.

▶ Whippet ○

Heimat: Nordengland. War früher ein Arbeitshund, wird heute ausschließlich für Rennen gezüchtet. Guter Wachhund. Sehr kurzes, feines und dichtes Haar. Alle Farben und Schattierungen. 44–47 cm.

◀ Greyhound ○

Heimat: England. Gilt als älteste Windhundrasse. Wurde früher bei der Jagd auf Wölfe eingesetzt, heute bei Hunderennen. Sehr anhänglich, zurückhaltend bei Fremden. Feines, flach anliegendes Haar. 68–71 cm.

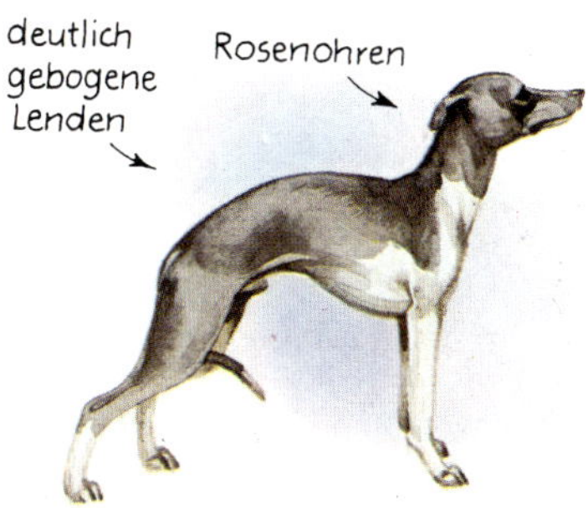

▶ Italienisches Windspiel ○

Heimat: Italien. Die kleinste Windhundrasse, wird meist als Spieltier gehalten. Kurzes, anliegendes Haar. Dunkel, kremefarben oder weiß, auch gefleckt. 32–35 cm.

Schäferhunde

Schäferhunde wurden als Hütehunde für Schaf- und Kuhherden gezüchtet, zugleich waren sie auch Wachhunde. Heute werden nur noch wenige Rassen als Hütehunde eingesetzt.

▶ **Groenendael** ◯
Heimat: Belgien. Wird als Schäfer- und Wachhund eingesetzt. Sehr intelligent, läßt sich leicht abrichten. Dichtes, mittellanges Haar. Immer schwarz. 58–62 cm.

◀ **Malinois** ◯
Heimat: Belgien. Dieser Schäferhund unterscheidet sich vom Deutschen Schäferhund deutlich in Größe und Färbung. Kurzhaarig. Gelblich gefärbt mit dunklen Haarspitzen. 58–62 cm.

▶ **Tervueren** ◯
Heimat: Belgien. Hat die gleiche Abstammung und Verwendung wie der Groenendael und auch gleiche äußere Kennzeichen. Fahlrot mit schwarzen Stellen und schwarzen Haarspitzen. 58–62 cm.

▶ Deutscher Schäferhund

Heimat: Deutschland. Ursprünglich zur Bewachung von Viehherden verwendet und aus alten europäischen Hütehunden gezüchtet. Intelligent, aufmerksam, wachsam und anhänglich. Kann leicht abgerichtet werden. Haare dicht, harsch und wollig. Dichte Unterwolle. 56–66 cm.

▼ Collie, kurzhaarige Form

Heimat: Schottland. Ist der langhaarigen Form in Größe, Haltung und Verhalten gleich, mit Ausnahme der Haare, die kurz und hart sind und flach anliegen. Sandfarben mit Weiß. 51–61 cm.

▲ Collie, langhaarige Form

Heimat: Schottland. Auf der ganzen Welt beliebt und als Gesellschaftshund gehalten. Wird in Schottland noch als Hütehund verwendet. Sehr würdig und intelligent, mißtrauisch gegenüber Fremden. Dichtes und langes Haar über weicher Unterwolle. 51–61 cm.

▶ Bobtail, Old English Sheepdog

Heimat: England. Eine der ältesten Schäferhundrassen. Wurde früher als Hütehund und zum Viehtreiben verwendet, ist heute ein beliebter Haushund. Langes, dünnes, etwas gewelltes Haar. Meist grau bis schwarz. 51–56 cm.

◀ Bearded Collie

Heimat: Polen. Wurde alten Dokumenten zufolge am Anfang des 16. Jahrhunderts nach Schottland eingeführt. Gebrauchs- und Ausstellungshund. Klug, anhänglich und sehr kinderlieb. Flach anliegende, harte Deckhaare. 46–61 cm.

▶ Sheltie, Shetland Sheepdog

Heimat: Schottische Inseln. Ist wahrscheinlich eine Kreuzung zwischen Collie und Islandhund. Wurde als Haus- und Hütehund verwendet. Sehr guter Wächter, kinderlieb. Langes, glattes Haar. Orangefarben bis dunkelbraun. 35–37 cm.

▶ Komondor ○

Heimat: Ungarn. Dieser Berghund wird als Hütehund eingesetzt und verteidigt die Herden sehr energisch. Ist sehr anhänglich und furchtlos. Langes, dichtes Wollhaar, das leicht verfilzt; grobes, weißes Deckhaar. 56–81 cm.

◀ Puli ○

Heimat: Ungarn. Ist wahrscheinlich ursprünglich aus Asien nach Ungarn gebracht worden und ein hervorragender Wachhund. Sehr intelligent und anhänglich. Grobes Deckhaar und feine Unterwolle. Rötlichschwarz bis grau. 38–44 cm.

▶ Tibet-Terrier ○

Heimat: Tibet. Wurde im Bergland zum Viehhüten verwendet und hat überhaupt nichts mit den Terriern zu tun. Ist wegen seiner Wachsamkeit und Klugheit ein geschätzter Wach- und Haushund. Langes, wolliges Haar. Weiß, grau, schwarz oder rauchfarben. 35–40 cm.

▶ Briard ○

Heimat: Frankreich.
Ist in seiner Heimat häufig anzutreffen und wird als Wach- und Ausstellungshund geschätzt. Langes, nicht anliegendes Haar Alle Farben außer Weiß. 56–68 cm.

▼ Border-Collie ○

Ein vorzüglicher Arbeitshund, der besonders zum Hüten von Schafen eingesetzt wird. Intelligent und leicht abzurichten. Langes, glattes oder etwas welliges Haar. Meist schwarzweiß. 51–53 cm.

▲ Pouvier, Flanderntreibhund ○

Heimat: Flamen. Wurde früher als Hütehund und Viehtreiber sowie als Wach- und Ziehhund verwendet. Ist sehr lebhaft, klug und zum Abrichten geeignet. Rauhes Haar mit Wirbeln. Gelb, grau bis schwarz. 63–66 cm.

Schäferhunde

▶ Maremmaner Hirtenhund

Heimat: Italien. Wird in seiner Heimat als Hütehund eingesetzt und ist auch bei uns auf Ausstellungen zu sehen. Sehr folgsamer und scharfer Wachhund. Langes und ziemlich hartes Haar. Immer weiß. 61–74 cm.

◀ Kuvasz

Heimat: Ungarn. Ein Berghund, der Viehherden bewacht und beschützt, früher aber auch bei der Jagd verwendet wurde. Mittellanges Deckhaar mit dunkler Unterwolle. Immer weiß. 67–76 cm.

▶ Pyrenäenberghund

Heimat: Pyrenäen. Wurde früher als Hütehund verwendet und beschützte die Herden vor Wölfen und Bären. Ist sehr arbeitsfreudig, intelligent und kinderlieb. Seine Rute ist bei Aufregungen über dem Rücken gekringelt. Volles, sehr langes Haar. Nur weiß. 66–81 cm.

Treiberhunde

Treiberhunde gehören zu den Schäferhunden und werden zum Treiben von Kühen eingesetzt. Wenn diese stehenbleiben, beißen die Treiberhunde sie in die Beine und weichen den Tritten blitzschnell aus.

▶ Vallhund, Schwedischer Schäferspitz ○

Heimat: Schweden. Wurde früher zum Viehtreiben und als Wachhund eingesetzt und griff mutig Raubwild an. War 1940 fast ausgestorben. Kurzes, hartes, anliegendes Haar mit dichter Unterwolle. Rotgelb, braungelb oder graubraun. 33–40 cm.

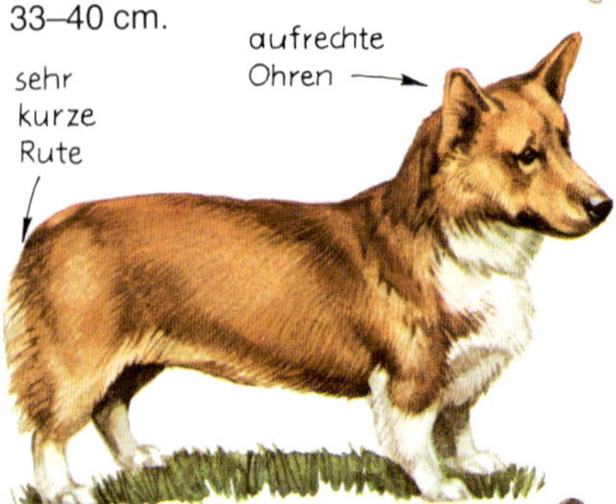

◀ Pembroke-Corgi ○

Heimat: Wales. Wurde zum Treiben von Kühen und Ponys verwendet und ist heute ein Haus- und Ausstellungshund. Intelligent, frech, aber anhänglich und kinderlieb. Rot, rehfarben bis schwarz, auch mit weißen Abzeichen. 25–30 cm.

▶ Cardigan-Corgi ○

Heimat: Wales. Wurde ebenfalls zum Treiben verwendet und ist heute zum Haushund geworden. Hat einen längeren Körper und größere Ohren als der Pembroke-Corgi. Kurze Haare. In allen Farben mit Ausnahme von Weiß. Etwa 30 cm.

▶ Kelpie ○

Heimat: Australien.
Ist in seiner Heimat als Hüte- und Haushund weit verbreitet und aus Kreuzungen zwischen dem Dingo und Schäferhunden hervorgegangen. Kurzes, glattes Haar. Schwarz, rot oder schokoladenfarben. 43–51 cm.

◀ Norwegischer Buhund ○

Heimat: Norwegen. Wird als Hütehund verwendet. Ist sehr selbständig, laut und mutig. Mittelkurzes, dickes, glatt anliegendes Haar mit dichter Unterwolle. Braunrot oder schwarz, auch mit weißen Abzeichen. 45 cm.

▶ Australischer Schäferhund ○

Heimat: Australien. Aus Kreuzungen zwischen Dingo, kurzhaarigem Collie und Dalmatiner hervorgegangen. Sehr stark. Kurzes, hartes Haar mit dichter Unterwolle. Rot oder blau gesprenkelt. 48–56 cm.

Wach- und Schutzhunde

Zu dieser Gruppe gehören ganz verschiedene Rassen, bei allen ist aber die Anlage zum Wachen und Verteidigen stark ausgeprägt. Sie sind meist kräftig und sehr anhänglich.

▶ **Boxer** ○
Heimat: Deutschland.
Ist als Schutzhund geeignet und wird meist als Haushund gehalten. Sehr lebhaft, mutig, kampflustig und kinderlieb. Kurzes, hartes Haar. Gelbbraun mit ode ohne Weiß, oft auch gestromt. 53–60 cm.

◀ **Bullmastiff** ○
Heimat: England. Eine Kreuzung zwischen Bulldogge und Mastiff. Wird in seiner Heimat von Jagdaufsehern als Wachhund verwendet. Sehr zuverlässig und aufgeweckt. Kurzes, hartes Haar. 61–68 cm.

▶ **Rottweiler** ○
Heimat: Deutschland.
Wird von der Polizei als Diensthund verwendet und ist ausdauernd, klug und folgsam. Kurzes, anliegendes Haar. Schwarz mit dunkelbraunen oder hellbraunen Abzeichen. 55–68 cm.

Wach- und Schutzhunde

▶ **Deutsche Dogge**
Heimat: Deutschland. Entstand aus einer Kreuzung zwischen Dänischer Dogge und Windhunden. Lebhaft, freundlich, aber zurückhaltend. Kurzes, glänzendes Haar. Gestromt, gelb, blau, schwarz oder schwarzweiß gefleckt. 73–81 cm.

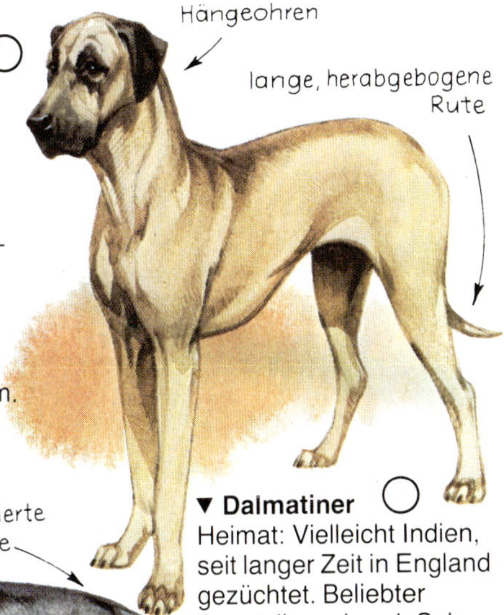

▼ **Dalmatiner**
Heimat: Vielleicht Indien, seit langer Zeit in England gezüchtet. Beliebter Ausstellungshund. Sehr kinderlieb und wachsam. Kurzes, glattes Haar. Weiß mit schwarzen oder braunen Flecken. 50–60 cm.

▲ **Dobermann-Pinscher**
Heimat: Deutschland. Benannt nach Karl Dobermann, der diese Rasse um 1860 züchtete. Eignet sich gut zum Abrichten. Sehr treu, mutig und scharf. Kurzes, hartes Haar. Schwarz, braun oder blau mit bräunlichen Abzeichen. 66–68 cm.

▼ Leonberger ○
Heimat: Deutschland. Ein guter Wach- und Haushund, ist häufig auf Ausstellungen zu sehen. Treu, wachsam und verständig. Langes, glattes Haar. Meist rotbraun mit schwarzer Maske. 68–78 cm.

▲ Karabash ○
Heimat: Türkei. Ist der Wachhund der anatolischen Hirten. Sehr aufmerksam und treu. Kurzes, dickes Haar. Kremefarben oder rehbraun. 66–76 cm.

▶ Portugiesischer Schäferhund ○
Heimat: Portugal. Wird in seiner Heimat als Wach- und Jagdhund verwendet. Sehr zuverlässig und stark. Langes, dichtes Haar. Rehbraun mit schwarzer Maske oder anders gefärbt. 63–71 cm.

Wach- und Schutzhunde

▶ Neufundländer ○
Heimat: Neufundland. Wurde früher zum Ziehen von Wagen und Schlitten verwendet. Kann gut schwimmen. Sehr stark. Langes, grobes, fettiges Haar. Meist schwarz. 66–71 cm.

◀ Bernhardiner ○
Heimat: Schweiz. Eine alte Rasse, die zuerst kurzhaarig war und nach Kreuzung mit dem Neufundländer langhaarig wurde. Sehr ruhig und zuverlässig. Dichtes, mittellanges, hartes Haar. Weiß mit Rot, gestromt. 66–71 cm.

▶ Sennenhund, Berner ○
Heimat: Schweiz. War früher in der Schweiz häufig, ist dann aber durch den Schäferhund verdrängt worden. Gut zum Abrichten geeignet. Sehr wachsam und anhänglich. Langes, weiches Haar. Schwarz mit Braun, weiße Brust. 61–66 cm.

▶ Riesenschnauzer ○
Heimat: Deutschland, Bayern. Ein leicht abzurichtender Hund. Sehr treu und unerschrocken. Drahthaarig. Schwarz oder „Pfeffer und Salz“. Etwa 70 cm.

◀ Schnauzer ○
Heimat: Deutschland, Württemberg. Soll aus dem mittelalterlichen Bieberhund entstanden sein. Sehr kinderlieb und leicht abzurichten. Drahthaarig. Schwarz oder „Pfeffer und Salz“. 45–51 cm.

▶ Zwergschnauzer ○
Heimat: Deutschland. Wahrscheinlich aus einer Kreuzung zwischen Schnauzer und Affenpinscher entstanden. Gehorsam, anhänglich und tapfer. Rauhes Haar. Schwarz oder „Pfeffer und Salz“. 30–35 cm.

Wach- und Schutzhunde

▼ Schipperke, Belgischer Schifferspitz ◯

Heimat: Belgien. Wurde früher als Rattenfänger verwendet. Ist wachsam und lebhaft. Kurzes, hartes, am Hals längeres Haar. Einfarbig schwarz. 30–33 cm.

▲ Keeshond ◯

Heimat: Holland. Hat ein an einen Fuchs erinnerndes Gesicht. Wachsam, intelligent und anhänglich. Langes Haar. Grau mit kremefarbenen Beinen und Füßen. 40–48 cm.

▶ Bulldogge ◯

Heimat: England. Im Mittelalter ließ man Bulldoggen gegen Stiere kämpfen, heute sind sie beliebte Haus- und Ausstellungshunde. Sehr gutmütig und mutig. Weiches, kurzes, dichtes Haar. Bunt oder nur rot, niemals schwarz. Bis 25 kg.

Jagdhunde

Diese Rassen wurden gezüchtet, um den Menschen bei der Jagd zu helfen. Einige eignen sich besonders gut, das Wild zu finden und aufzustöbern, andere, um es nach dem Schuß zu verfolgen und zu apportieren.

▶ **Drentse Patrijshond** ○
Heimat: Holland. Eleganter und geschickter Jagdhund. Außerhalb Hollands fast unbekannt. Sehr kinderlieb, wachsam und still. Mittellanges, gerades Haar. Weiß mit Braun. 55–63 cm.

◀ **Britanny-Spaniel** ○
Heimat: England. Ein starker, intelligenter Jagdhund. Langes, dichtes, weiches Haar. Lederfarben mit Weiß oder schwarz mit weiß, aber auch anders gefärbt. 45–61 cm.

▶ **Großer Münsterländer** ○
Heimat: Deutschland. Wurde erst um 1920 gezüchtet. Vielseitiger Jagdhund, der auch Raubzeug angeht. Klug, wachsam, anhänglich. Langes, glattes Haar. Schwarz mit Weiß. 58–63 cm.

▶ Welsh Springer Spaniel ○
Heimat: Wales. Wird hauptsächlich als Jagdhund gehalten. Taucht immer häufiger auf Ausstellungen auf. Sehr gehorsam und aktiv. Langes, dichtes, seidiges Haar. Dunkelrot mit Weiß. 50–53 cm.

▼ Irischer Wasserspaniel ○
Heimat: Irland. Sehr alte Rasse, die seit langer Zeit rein gezüchtet wird. Sehr anhänglich und mutig. Steife Locken. Dunkel lederfarben. 51–56 cm.

▲ English Springer Spaniel ○
Heimat: England. Stammform fast aller Spanielrassen, guter Jagdhund. Aktiv, sehr anhänglich und kinderlieb. Langes, dichtes, weiches Haar. Lederfarben mit Weiß und schwarz mit Weiß. Etwa 51 cm.

▶ Cocker-Spaniel ○
Heimat: England. Eine der ältesten englischen Spanielrassen. Vielseitiger Gebrauchshund, der heute als Haus- und Ausstellungshund gehalten wird. Sehr anhänglich und still. Viele Farben, einfarbig oder bunt. 38–49 cm.

◀ Amerikanischer Cocker-Spaniel ○
Heimat: USA. Durch Kreuzung des englischen Cocker-Spaniels mit anderen Spanielrassen entstanden. Sehr lebhaft, neugierig und kinderlieb. Mittellanges, seidiges, leicht gewelltes Haar. Schwarz oder bunt. 34–39 cm.

▶ Field-Spaniel ○
Heimat: England. Durch Kreuzung zwischen Cocker-, Springer- und Sussex-Spaniel entstanden. Kleiner und länger als andere Rassen. Intelligent und gehorsam. Langes, dichtes Haar. Lederfarben mit Weiß und Schwarz. Etwa 45 cm.

▸ Sussex-Spaniel ○
Heimat: England. Wurde als Jagdhund verwendet. Ist außerhalb Englands kaum bekannt und selten auf Ausstellungen zu sehen. Lebhaft und lärmfreudig. Langes, anliegendes Haar. Lederfarben. 38–40 cm.

◂ Clumber-Spaniel ○
Heimat: England. Wohl die älteste Spanielrasse. Ist kräftig, mit kurzen Beinen, stöbert das Wild auf und apportiert. Langes, seidiges, dichtes Haar. Weiß mit gelben Flecken. 20–32 kg.

○
▸ Kleiner Münsterländer, Heidewachtelhund
Heimat: Deutschland, Westfalen. Wurde kurz nach der Jahrhundertwende gezüchtet. Ist wachsam, anhänglich und gehorsam. Langes, glattes Haar. Braun mit Weiß. 48–56 cm.

▼ Labrador-Retriever ○

Heimat: Neufundland. Eine bekannte und auch in Europa weit verbreitete Rasse. Als Blindenhund geeignet. Sehr zuverlässig und gehorsam. Kurzes, dichtes und hartes Haar. Schwarz, braun oder gelbbraun. 54–57 cm.

▲ Chesapeake Bay Retriever ○

Heimat: Ostküste der USA. Wird fast ausschließlich als Jagdhund verwendet. Sehr eigenwillig, klug und kampflustig. Mittellanges, öliges Haar mit dichter Unterwolle. Meist braun. 53–66 cm.

▶ Kraushaar-Retriever ○

Heimat: England. Eine Züchtung aus mehreren Rassen, unter anderen auch Pudel und Neufundländer. Guter Jagdhund. Wachsam und freundlich. Kurze, dichte Locken. Schwarz oder braun. 63–68 cm.

▶ Flat Coated Retriever ○
Heimat: England. Um die Jahrhundertwende in England ein sehr gesuchter Jagdhund. Sehr wachsam und lebhaft. Mittellanges, glattes Haar. Schwarz oder braun. 51–61 cm.

▼ Weimaraner ○
Heimat: Deutschland. Wurde am Hof von Weimar gezüchtet. Freundlich, gehorsam und mutig Mausgrau gefärbt. 56–63 cm.

▲ Golden Retriever ○
Heimat: England. Ein guter Jagdhund, der in vielen Ländern als Gebrauchs- und Ausstellungshund geschätzt wird. Intelligent und still. Langes, gewelltes Haar mit dichter Unterwolle. Goldfarben. 51–61 cm.

Jagdhunde

► Englischer Setter
Heimat: England. Eine der ältesten Rassen und aus der Kreuzung zwischen Spaniel und Pointer entstanden. Anhänglich und ruhig. Langes, gewelltes Haar. Meist schwarz und weiß, aber auch dreifarbig. 61–68 cm.

◄ Gordon-Setter
Heimat: Schottland. Ist etwa 1770 entstanden. Schwer und langsam. Ist anhänglich, aber ziemlich eigenwillig. Langes, weiches, glänzendes Haar. Schwarz mit Braun. Etwa 66 cm.

► Irischer Setter
Heimat: Irland. Ein guter Jagdhund mit großer Ausdauer. Nicht leicht abzurichten. Sehr anhänglich und still. Langes, glattes, glänzendes Haar. Goldbraun bis kastanienbraun. Etwa 61 cm.

▶ **Vizla, Kurzhaariger Ungarischer Vorstehhund** ○

Heimat: Ungarn. Ein vielseitiger Jagdhund. Sehr lebhaft, gehorsam und lernfreudig. Kurzes, grobes, glänzendes Haar. Dunkel sandfarben. 57–64 cm.

◀ **Pointer** ○

Heimat: Spanien. Ist überall als ein schnell arbeitender Jagdhund bekannt. Anhänglich, lebhaft und intelligent. Feines, kurzes, hartes Haar. Fast alle Farben mit Weiß. 61–68 cm.

▶ **Kurzhaariger Deutscher Vorstehhund** ○

Heimat: Deutschland. Diese Rasse ist weit verbreitet und wird als Jagdhund eingesetzt. Ist energisch, freundlich und treu. Dichtes, hartes Haar. Meist braun mit gesprenkelten Zeichen. 63–66 cm.

Gesellschaftshunde

Zu dieser Gruppe gehören sehr verschiedene Rassen, und man sollte sich erst genau umsehen, welches Temperament und welche Größe der erwünschte Hausgenosse hat.

▶ **Französische Bulldogge**

Heimat: Frankreich. In England und Frankreich sehr beliebt. Anhänglich, aber ziemlich empfindlich und ruhig. Dichtes, kurzes, glänzendes Haar. Gestromt, braun. 26–35 cm.

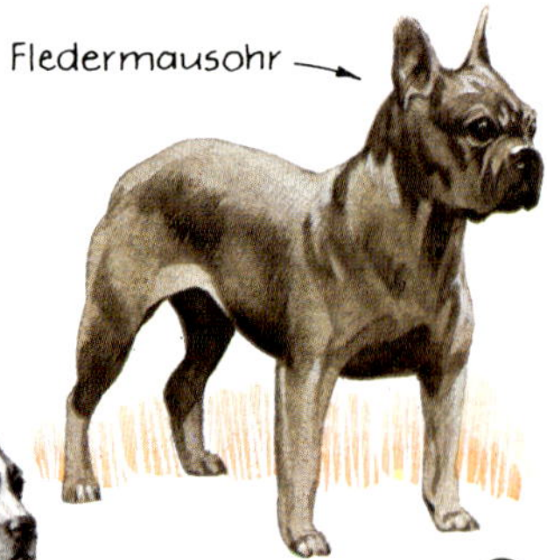

◀ **Boston-Terrier**

Heimat: USA. Ist in seiner Heimat und in England beliebt, sonst aber weniger bekannt. Lebhaft, klug und gehorsam. Kurzes, glänzendes Haar. Schwarz mit Weiß. Etwa 40 cm.

▶ **English Toy Terrier**

Heimat: England. Kleiner als der Manchester Terrier. Wachsam und anhänglich, bekannt als Rattenfänger. Kurzes, dichtes und glänzendes Haar. Schwarz mit hellbraunen Abzeichen. 25–30 cm.

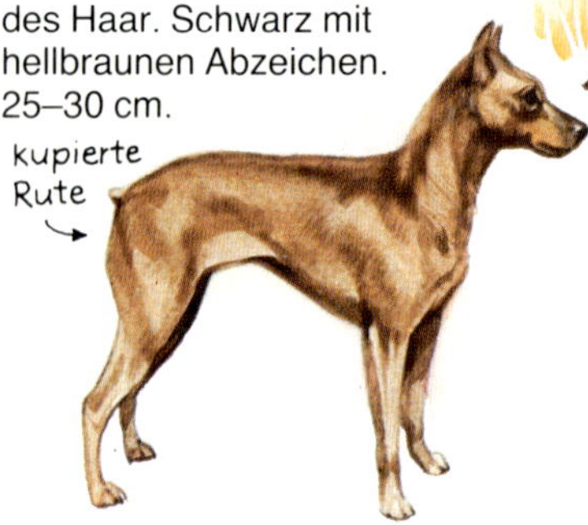

◀ **Zwergpinscher**

Heimat: Deutschland. Ist in vielen europäischen Ländern und in den USA geschätzt. Aufmerksam, verständig und dreist. Dichtes, glattes, glänzendes Haar. Meist rehbraun. 25–36 cm.

▶ Mops ○

Heimat: China. Eine der ältesten Zwerghundrassen. Wurde im 17. Jahrhundert nach Europa gebracht. In England wurden diese empfindlichen, aber mutigen Hunde sehr populär. Silber- oder rehfarben. Etwa 33 cm.

◀ Chow-Chow ○

Heimat: China. Wird seit langer Zeit als Wach-, Jagd- und Schlittenhund verwendet. Stolz, mutig und selbstbewußt. Langes Haar mit weicher Unterwolle. Braunrot bis schwarz. Etwa 45 cm.

▶ Löwchen ○

Heimat: Frankreich. Eine alte und seltene Rasse. Die Herkunft ist nicht ganz geklärt. Sehr anhänglich und intelligent. Langes, gewelltes Haar. Alle Farben möglich, meist weiß, schwarz oder zitronenfarben. 20–35 cm.

◀ Chinesischer Schopfhund ○

Heimat: China. Wird seit mehr als 100 Jahren rein gezüchtet. Beliebter Schoßhund. Ist nackt, Haar nur an Kopf, Pfoten und an der Rutenspitze vorhanden. Blau und rosa gefleckt. Etwa 33 cm.

▶ Cavalier King Charles Spaniel
Heimat: England. War früher ein beliebter Schoßhund. Ist lebhaft und kinderlieb. Langes, seidiges, gewelltes Haar. Schwarz oder schwarz-weiß, braun oder dreifarbig. Gewicht: Etwa 8 kg.

◀ King Charles Spaniel
Heimat: England. Diese im 17. Jahrhundert gezüchtete Rasse kommt außerhalb Englands nur selten vor. Sehr anhänglich, wachsam und aufmerksam. Langes, seidiges Haar. Meist schwarz-weiß mit Braun. Gewicht: 3,5–6 kg.

▼ Bichon à Poil Frisé
Heimat: Frankreich und Belgien. Ein ziemlich seltener Haushund. Lebhaft und anhänglich. Feines, wolliges, krauses Haar. Immer weiß. 27–30 cm.

▲ Tibet-Spaniel
Heimat: Tibet. In England und den USA ein beliebter Schoßhund. Lebhaft, mutig und selbstsicher, aber Fremden gegenüber zurückhaltend. Langes, glattes Haar mit dichter Unterwolle. Meist goldgelb. 24–28 cm.

▶ Japan-Chin ○

Heimat: China. Auch in Japan schon um 800 bekannt. Heute oft auf Ausstellungen zu sehen. Lebhaft und intelligent. Glattes, seidiges Haar. Weiß mit Schwarz oder Rot. Etwa 30 cm.

◀ Papillon ○

Heimat: Frankreich und Belgien. Wegen seiner großen aufrechtstehenden Ohren auch Schmetterlingshund genannt. Anhänglicher und freundlicher Schoßhund. Weiches, glänzendes, gewelltes Haar. Alle Farben möglich. Bis 28 cm.

▼ Affenpinscher ○

Heimat: Belgien. Ist bereits vor mehr als 400 Jahren abgebildet worden. Anhänglich, aber Fremden gegenüber sehr aggressiv. Mittellanges, hartes Haar. Meist schwarz oder rot. Bis 26 cm.

▲ Deutscher Kleinspitz ○

Heimat: Deutschland. Wurde in England weiter gezüchtet und ist heute wesentlich kleiner als der Deutsche Großspitz. Langes, abstehendes, hartes Haar mit dichter Unterwolle. Weiß, schwarz oder braun. Bis 28 cm.

Gesellschaftshunde

▼ Malteser ○
Heimat: Malta. Diese Rasse gab es schon vor über 2000 Jahren, im Mittelalter war sie groß in Mode. Lebhaft, intelligent. Seidiges, langes Haar. Immer weiß. 20–23 cm.

▲ Shih-Tzu ○
Heimat: China. Ist erst vor etwa 50 Jahren in Europa bekannt geworden und heute oft auf Ausstellungen zu sehen. Langes Haar mit dichter Unterwolle. Alle Farben möglich. Bis 27 cm.

► Pekinese ○
Heimat: China. Eine alte Rasse, die um 1860 nach England geschmuggelt wurde. Sehr intelligent und eigensinnig. Fast alle Farben. 15–25 cm.

◄ Lhasa-Apso ○
Heimat: Tibet. Ist in den USA beliebt und auch bei uns immer häufiger zu sehen. Selbstbewußt und treu. Meist honigfarben, sandfarben oder grau. 25–28 cm.

Gesellschaftshunde

▶ Australischer Silky-Terrier ○

Heimat: Australien. Wurde hier anfangs Sydney Silky-Terrier genannt. Ein intelligenter und lebhafter Hund. Langes, seidig glänzendes Haar. Blautöne mit Gelbbraun. Etwa 22 cm.

◀ Yorkshire-Terrier ○

Heimat: England. Ende des vorigen Jahrhunderts aus englischen Terriern gezüchtet. Auch bei uns zu sehen. Klug, mutig. Langes gerades Haar. Blau und braun. 18–20 cm.

▶ Griffon Bruxellois ○

Heimat: Belgien. Kreuzung zwischen rasselosen Hunden mit Affenpinscher und Mops. Sehr lebhaft und anhänglich. Langes, weiches Haar. Meist rötlich. Gewicht: Etwa 4–5 kg.

◀ Petit Brabançon ○

Heimat: Belgien. Hat die selbe Abstammung wie der vorige, aber mit einem kurzen, harten Haar. Meist rötlich mit dunklen Abzeichen. Gewicht: Etwa 4,5 kg.

▸ Chihuahua, kurzhaarige Form ○

Heimat: Mexiko, Provinz Chihuahua. Auffallend ist die große Jagdleidenschaft. Ist sehr anhänglich, neugierig und klug. Kurzes, dichtes, glänzendes Haar. Alle Farben. Gewicht: 0,9–3,5 kg.

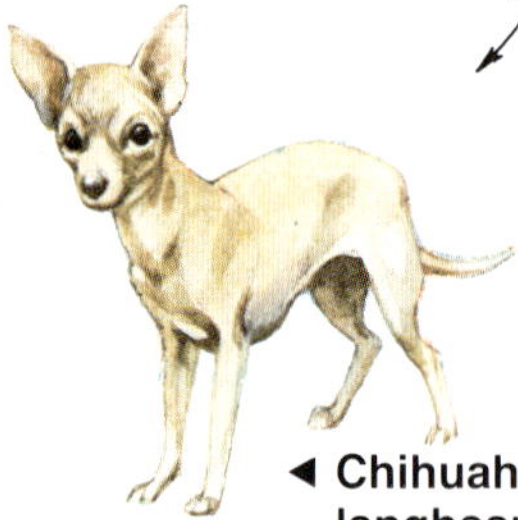

◂ Chihuahua, langhaarige Form ○

Heimat: Mexiko. Gleiche Eigenschaften wie die kurzhaarige Form. Ist wohl die kleinste Hunderasse. Langes, gewelltes Haar. Alle Farben. 0,9–3,5 kg.

▸ Pudel ○

Heimat: Frankreich. Eine sehr alte Rasse, die früher bei der Jagd auf Wasserwild verwendet wurde. Heute ist der Pudel ein sehr beliebter Haushund und weltweit verbreitet. Lernfreudig und gehorsam. Dichtes, gelocktes, wolliges Haar. Weiß, schwarz, braun oder grau. Man unterscheidet mehrere Formen: Zwergpudel (etwa 28 cm hoch), Kleinpudel (etwa 38 cm) und Normaler Pudel (etwa 48 cm).

Terrier

Diese Hunde wurden früher zur Jagd verwendet. Sie sollten Füchse, Dachse und Otter aus ihren Erdhöhlen treiben.
Fast alle Terrier wurden in England gezüchtet.

▶ West Highland White Terrier ◯
Heimat: Schottland.
Ein ausgezeichneter Jagdhund, heute aber hauptsächlich Haus- und Ausstellungshund. Lernfreudig und anhänglich. Langes, hartes Haar. Immer weiß.
Etwa 28 cm.

◀ Schotten-Terrier ◯
Heimat: Schottland.
Wurde früher bei der Fuchsjagd verwendet. Heute beliebter Ausstellungshund. Hartes, dichtes, drahtiges Haar. Schwarz oder strohfarben.
25–28 cm.

▼ Cairn-Terrier ◯
Heimat: Schottland. Für die Jagd auf Otter, Fuchs und Dachs gezüchtet. Sehr schnell und wendig. Mutig und gutmütig. Hartes Deckhaar mit weicher Unterwolle. Rötlich, sandfarben, grau gestromt.
Etwa 24–26 cm.

▲ Sealyham-Terrier ◯
Heimat: Wales. Wurde früher zur Jagd auf Fuchs und Dachs eingesetzt. Nicht ganz leicht abzurichten. Treu und intelligent. Langes, hartes, drahtiges Haar. Weiß mit braunen Abzeichen.
Etwa 28 cm.

▶ Norwich-Terrier und Norfolk-Terrier ○
Heimat: England. Beide Rassen sind sehr ähnlich und unterscheiden sich durch die beim Norwich aufrechten, beim Norfolk herabhängenden Ohren. Anliegendes, drahtiges Haar. Rot, schwarz oder grau. Etwa 25 cm.

◀ Border-Terrier ○
Heimat: England. Wurde in seiner Heimat als Jagdhund sehr geschätzt. Mutig, kinderlieb und anpassungsfähig. Hartes, dichtes Haar. Rot, grau mit Brauntönen. 26–30 cm.

▶ Australischer Terrier ○
Heimat: Australien. Wurde aus mehreren englischen Rassen gezüchtet und bei der Kaninchenjagd eingesetzt. Anhänglich und gescheit. Mittellanges, glattes Haar. Blau mit Braun. Etwa 25 cm.

◀ Dandie Dinmont Terrier ○
Heimat: England. Ein beliebter Haus- und Ausstellungshund. Weiches und hartes Haar gemischt. Silbergrau oder rötlichbraun. 20–28 cm.

▶ Airedale-Terrier ○
Heimat: England, Yorkshire. Der größte aller Terrier. Eignet sich gut zur Abrichtung und als Polizeihund. Wachsam und lebendig. Dichtes, drahtiges Haar. Dunkelgrau und lohfarben. 56–58 cm.

◀ Lakeland-Terrier ○
Heimat: Schottland. Früher bei der Jagd eingesetzt. Mutig, wachsam. Dichtes, hartes Haar mit Unterwolle. Verschiedene Farben. Etwa 37 cm.

▶ Welsh-Terrier ○
Heimat: Wales. Eine alte Rasse. Wurde zur Jagd auf Otter verwendet. Heute ein beliebter Haushund. Ruhig und fröhlich. Hartes, drahtiges Haar. Schwarz mit Brauntönen. Etwa 39 cm.

◀ Kerry Blue Terrier ○
Heimat: Irland. Wird bei der Jagd auf Otter, Dachs und Fuchs eingesetzt. Oft auf Ausstellungen zu sehen. Leicht abzurichten. Gewelltes, weiches, seidiges Haar. Blau in allen Farbtönen. 45–48 cm.

▼ **Bedlington-Terrier** ○
Heimat: England. Wurde früher als Jagdhund verwendet und ist heute als Haus- oder Ausstellungshund beliebt. Hat Ähnlichkeit mit einem Schaf. Dickes, wolliges Haar. Blau, leder- oder sandfarben. Etwa 40 cm.

▲ **Irischer Terrier** ○
Heimat: Irland. Ein mutiger, angriffslustiger, vielseitiger Jagdhund. Wachsam und energisch. Ziemlich kurzes, welliges Haar, weizenfarbig. Etwa 45 cm.

► **Foxterrier, glatthaarige Form** ○
Heimat: England. Wird bei der Jagd verwendet, um Füchse aus dem Unterholz zu treiben. Dichtes, kurzes, hartes Haar. Vorwiegend weiß, oft mit bräunlichen Flecken. 37–39 cm.

◄ **Foxterrier, drahthaarige Form** ○
Heimat: England. Unterscheidet sich vom vorigen nur durch die harte, längere abstehende Behaarung. Erfreut sich noch größerer Beliebtheit. 37–39 cm.

▼ Bullterrier ○
Heimat: England. Entstand aus Kreuzungen verschiedener Kampfhunde. Wird in Afrika zur Jagd auf Großwild eingesetzt. Sehr gehorsam und wachsam. Glänzendes, hartes Haar. Immer weiß mit oder ohne Abzeichen. Etwa 40 cm.

▲ Manchester-Terrier ○
Heimat: England. Wurde früher als Rattenfänger eingesetzt, der auch andere schädliche Tiere jagte. Dichtes, kurzes Haar. Schwarz mit lohfarbenen Abzeichen. 36–40 cm.

► Staffordshire-Bullterrier ○
Heimat: England. Entstand durch Kreuzung von Bulldogge und Terrier. Wurde als Kampfhund verwendet. Sehr mutig und zäh. Weiches, dichtes Haar. Fuchsrot, weiß oder blau. 35–40 cm.

◄ Jack Russell Terrier ○
Heimat: England. Ist erst vor kurzer Zeit gezüchtet worden und bisher noch nicht als Rasse anerkannt worden. Sehr treu und klug. Hartes, dichtes kurzes Haar. Verschiedene Farben. Etwa 35 cm.

Schlittenhunde

Diese Hunde gehören zu den Wach- und Schutzhunden. Sie werden hier zusammengefaßt, weil sie vorwiegend in arktischen Gebieten vorkommen.

▶ **Alaska Malamute** ○

Heimat: Alaska. Wurde von den Eskimos als Schlittenhund eingesetzt und eignet sich gut zum Abrichten. Sehr kinderlieb und anhänglich. Grobes Haar mit öliger Unterwolle. Meist wolfsgrau. 50–63 cm.

○

◀ **Sibirischer Husky**

Heimat: Sibirien. Eine sehr alte Rasse, die auch bei uns immer mehr in Mode kommt. Ist fügsam und anhänglich. Weiches, dickes Haar mit flaumiger Unterwolle. Alle Farben. 51–59 cm

▶ **Samojede** ○

Heimat: Nordrußland. Wird bei Rentierherden als Hütehund sowie als Schlittenhund verwendet. Sehr zuverlässig und lebhaft. Hartes, langes Haar mit weicher Unterwolle. Meist weiß. 45–53 cm.

Schweißhunde

Die hier abgebildeten Tiere gehören zu den Jagdhunden. Ihr Geruchssinn ist besonders gut ausgebildet, deswegen werden sie auf Wildfährten angesetzt.

▶ Grauer Elchhund ○
Heimat: Norwegen. Ein sehr harter, starker Hund, der auch bei strenger Kälte nicht versagt. Mittellanges Haar mit dichter, weicher Unterwolle. Grau. 47–52 cm.

◀ Rhodesian Ridgeback, Pronkrug ○
Heimat: Zimbabwe (Rhodesien). Ein ausgezeichneter Jagdhund für Großwild und Löwen. Sehr wachsam und energisch. Kurzes, feines, glänzendes Haar. Kornfarben bis rot. 61–68 cm.

▶ Finnenspitz ○
Heimat: Finnland. Eine sehr alte Rasse, die lange Zeit zur Vogeljagd verwendet wurde. Sehr wachsam und lebhaft. Mittellanges, abstehendes Haar mit dichter Unterwolle. Braun oder gelbrot. 39–44 cm.

▶ Basset Hound ○
Heimat: England. Eine Kreuzung zwischen franzöischem Basset und Bluthund. Als Haushund beliebt. Sehr eigensinnig und ruhig. Kurzes, glattes Haar. Schwarz, weiß und rot. 33–38 cm.

◀ Basset Griffon Vendéen ○
Heimat: Frankreich. Speziell gezüchtet für eine lange Jagd auf Hasen. Sehr eigensinnig und selbständig. Mittellanges, hartes Haar. Fast alle Farben, auch gemischt. 34–43 cm.

▶ Beagle ○
Heimat: England. Eine alte Rasse, die heute auch in Europa und den USA als Haushund beliebt ist. Sehr freundlich und lebhaft. Kurzes, dichtes, grobes Haar. Alle Farben möglich. 34–40 cm.

◀ Basenji ○
Heimat: Kongo. Wurden bei der Jagd auf Antilopen eingesetzt. Diese Hunde bellen nicht, sondern heulen. Sehr klug, aber wenig gehorsam. Glattes, feines Haar. Meist rotbraun. 40–43 cm.

▶ Bloodhound, Hubertushund ○

Heimat: nicht geklärt, wird aber seit Jahrhunderten in England gezüchtet. Verbreitete sich durch die Verwendung in der Armee und bei der Polizei in ganz Europa. Sehr anhänglich und gefühlvoll. Kurzes Haar. Schwarz und lohfarben. 61–66 cm.

◀ Foxhound ○

Heimat: Frankreich. Wurden speziell für die Hirschjagd in der Meute gezüchtet. Sehr anhänglich und energisch. Kurzes, dichtes, glänzendes Haar. Schwarz, lohfarben oder weiß und orange. 53–63 cm.

▶ Otterhound ○

Heimat: England. Kann gut schwimmen und wurde zur Jagd auf Fischotter verwendet. Diese Rasse hat keinen anerkannten Stammbaum. Langes, zottiges Haar. Alle Farben. 61–66 cm.

▶ **Kurzhaar-Dachshund** ○
Heimat: Deutschland.
Diente früher zum Aufspüren des angeschossenen Wildes. Heute beliebter Haus- und Ausstellungshund. Sehr wachsam und anhänglich. Dichtes, kurzes Haar. Alle Farben. 30–35 cm.

◀ **Langhaar-Dachshund** ○
Heimat: Deutschland.
Entstand aus einer Kreuzung zwischen Setter, Cocker-Spaniel und Kurzhaar-Dachshund. Beliebter Haushund. Langes, weiches, glänzendes Haar. Alle Farben. 30–35 cm.

▶ **Rauhhaar-Dachshund** ○
Heimat: Deutschland. Aus dem Kurzhaar-Dachshund durch Kreuzung mit dem Schnauzer entstanden. Drahtiges, hartes Haar mit dichter Unterwolle. Alle Farben. Etwa 8 kg.

Rassehund und Bastard

Jeder Hund ist in erster Linie ein Individuum mit besonderen Eigenschaften. Ein Bastard kann deshalb ein genauso liebenswürdiger Hund sein wie ein hochgezüchteter Rassehund mit einem langen Stammbaum.
Ein Rassehund darf diese Bezeichnung nur führen, wenn die Rasse international anerkannt ist. Es gibt einen Verband für das Deutsche Hundewesen e.V. (VDH) in Dortmund, Schwanenstraße 30, bei dem du dich über alle Rassen eingehend informieren kannst. Rassehunde haben einen Stammbaum, der mindestens 3 Generationen umfassen muß. Einen Hund, der aus der Paarung zweier reinrassiger Elternteile hervorgegangen ist, nennt man eine Kreuzung. Hunde, deren Eltern unbekannt sind oder Kreuzungen sind, nennt man Bastarde.

Die Eltern einer Kreuzung

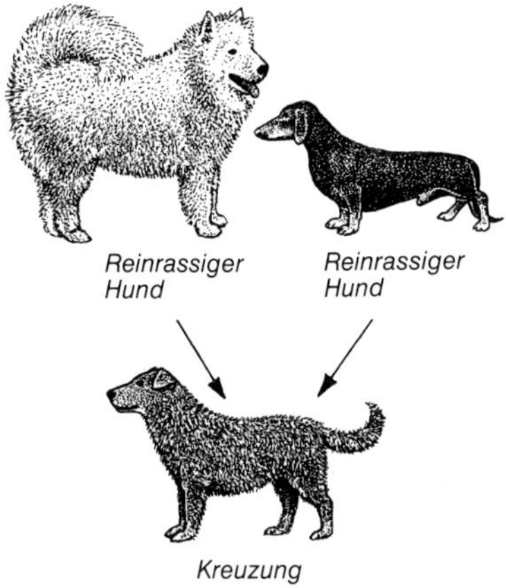

Stammbaum eines Rassehundes

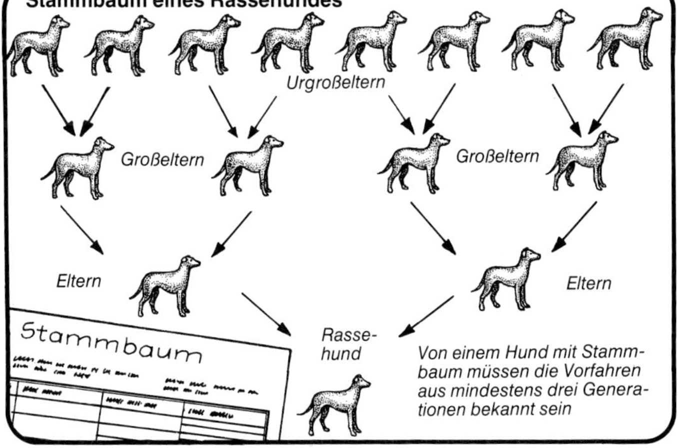

Von einem Hund mit Stammbaum müssen die Vorfahren aus mindestens drei Generationen bekannt sein

Die Auswahl eines Welpen

Alle jungen Hunde sehen niedlich aus, aber du mußt dich bei der Auswahl für einen entscheiden. Mehr als zu jedem anderen Zeitpunkt brauchst du hier den Rat eines Fachmanns, denn ein Hund ist kein Gegenstand, den man heute kauft und morgen wegwirft, wenn er einem nicht mehr gefällt.

Du mußt dir darüber im klaren sein, ob du unter den gegebenen Umständen einen Neufundländer oder einen Schäferhund überhaupt halten kannst oder ob nicht ein Dachshund (auch Dackel oder Teckel genannt) für dich besser geeignet ist. Du mußt wissen, ob du einen Hund oder eine Hündin willst. Such dir einen kräftigen, munteren, vor allem aber gesunden Welpen aus. Wenn auch nur ein Tier des Wurfes krank ist, solltest du auf den Kauf ganz verzichten.

Wähle einen gesunden Hund aus

Wähle den richtigen Hund aus

Wähle ein junges Tier aus, das dir freundlich und keck entgegenkommt. Ein scheuer Welpe wird auch später sehr zurückhaltend sein, und ein schreckhaftes Jungtier ist auch später sehr nervös.

Die Ernährung des Hundes

Nur ein richtig ernährter Hund ist gesund und munter. Er kaut sein Futter nur kurze Zeit und vermischt es nur wenig mit Speichel, bevor er es verschlingt. Dafür sondert der Magen reichliche Mengen von Magensaft ab, und hier bleibt die Nahrung auch die meiste Zeit. Wenn man einem Hund zuviel Futter gibt, so erbricht er es wieder.

Das Futter muß ausgewogen sein und sowohl Zucker und Stärke, Fett und Eiweiß wie auch Mineralstoffe und Wasser enthalten. Kurz vor und nach einer Mahlzeit soll ein Hund aber nicht trinken.
Eiweiß wird den Tieren in Form von Fleisch gegeben. Hierzu eignen sich Pferdefleisch, Rindfleisch, Herz und Pansen, aber auch Fisch. Das Fleisch muß gut zerkleinert werden. Kohlehydrate werden in Form von trockenem Brot gefüttert. Wenn du kein Fertigfutter gibst, so solltest du dich bei einem Tierarzt erkundigen, was dein Hund an Mineralien und Vitaminen braucht. Auch wenn du unsicher bist, wieviel Futter dein Hund braucht, frage den Tierarzt.

Die Futtermenge richtet sich nach dem Gewicht des Hundes

DACHSHUND

Trocken-futter *Fleisch und Brot* *Büchsen-futter*

FOXTERRIER

Trocken-futter *Fleisch und Brot* *Büchsen-futter*

LABRADOR

Trocken-futter *Fleisch und Brot* *Büchsen-futter*

DEUTSCHE DOGGE

Trocken-futter *Fleisch und Brot* *Büchsen-futter*

Die Pflege des Hundes

Nur wenn du deinen Hund regelmäßig pflegst, wird er sauber und gesund aussehen.
Hat er ein kurzes Fell, so verwendest du eine weiche Bürste; hat er lange Haare, nimmst du zuerst eine Drahtbürste und anschließend eine weiche Bürste zum Glätten. Fransen an den Ohren werden mit einem Metallkamm vorsichtig ausgekämmt.
Die Nägel müssen vor allem bei älteren Hunden regelmäßig geschnitten werden. Manche Hunderassen werden in spezieller Weise geschoren. Diese beiden Maßnahmen läßt du aber besser von einem Fachmann ausführen.

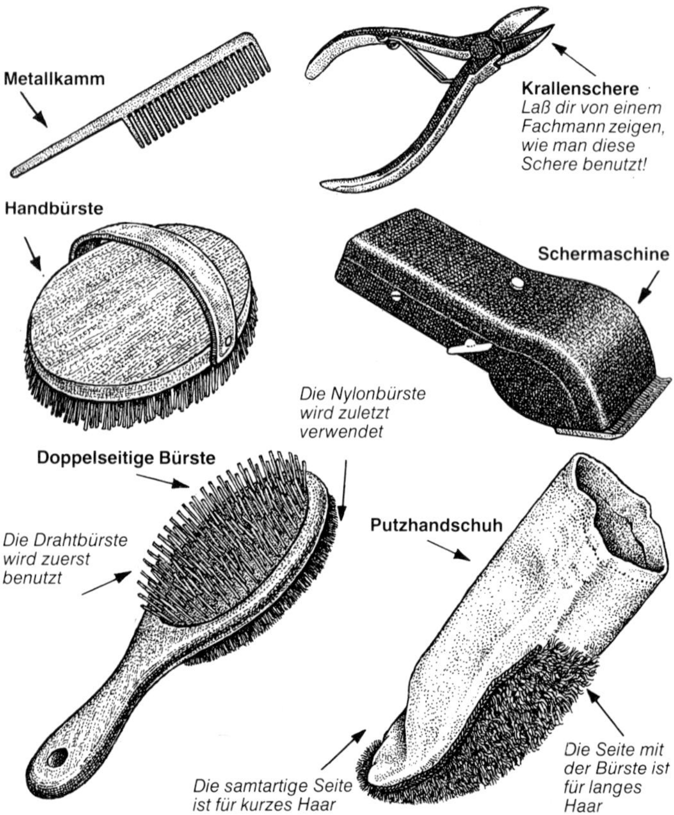

Auf der Hundeausstellung

Wenn du einen reinrassigen Hund hast, so solltest du ihn auch auf einer Hundeausstellung vorführen. Du kommst dabei mit anderen Leuten zusammen, die einen Hund gleicher Rasse haben und dir manches über dein Tier erzählen können, was du noch nicht weißt.

Am besten besuchst du die ersten Ausstellungen ohne den Hund, damit du selbst damit vertraut wirst und das Tier nicht nervös machst. Wenn du dann deinen Hund vorführen willst, so mußt du ihn vorher sorgfältig putzen. Er muß außerdem gesund und gehorsam sein.

Krankheiten

Ein Hund kann dir nicht sagen, daß er sich nicht wohl fühlt; aber wenn du ihn genau beobachtest, so wirst du doch bemerken, daß etwas mit ihm nicht stimmt. Das einzig richtige ist in diesem Fall, daß du mit ihm zu einem Tierarzt gehst und ihn untersuchen läßt. Keinesfalls darfst du dich selbst als Arzt fühlen und ihm Pulver und Tabletten geben, die von deiner letzten Erkältung noch übriggeblieben sind.
Der Arzt wird dir in den meisten Fällen sagen können, was deinem Hund fehlt, und er wird einige Medikamente für ihn verschreiben. Wie du sie dem Tier eingeben kannst, findest du unten abgebildet.
Auch für deinen Hund gilt: Vorbeugen ist besser als heilen! Laß ihn deshalb rechtzeitig vom Tierarzt impfen.

Eingeben einer Tablette

Achte darauf, daß der Hund sie mit dem Futter zusammen nimmt

Ein Wandbrett für Medikamente

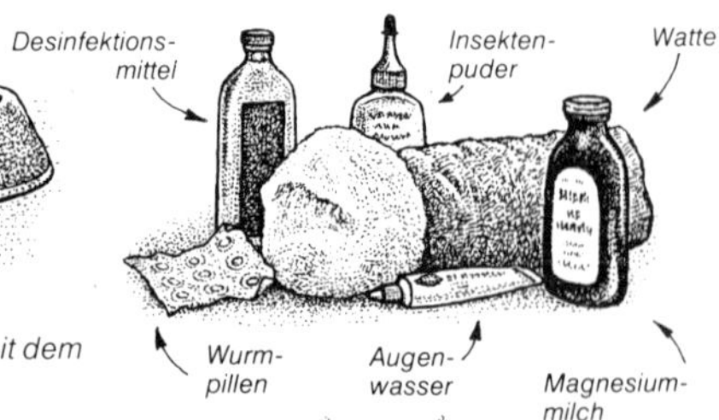

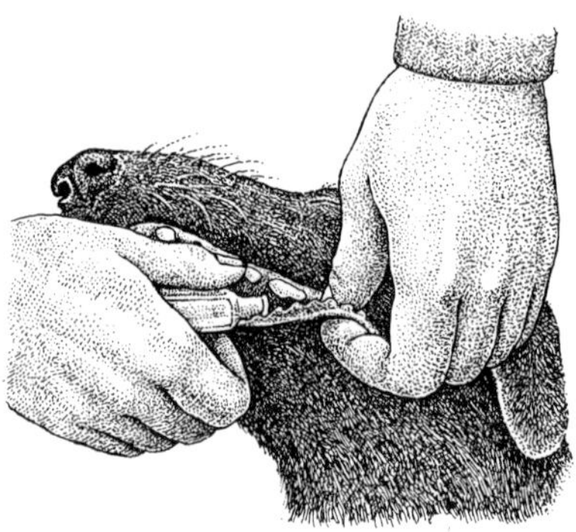

Eingeben von Tropfen

Ziehe die Unterlippe herab und gieße die Flüssigkeit in die entstehende Tasche

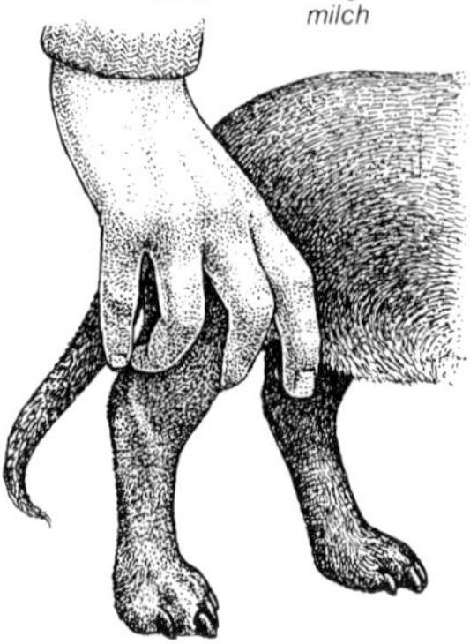

Den Pulsschlag messen

Der Pulsschlag auf der Innenseite des Oberschenkels soll 70–90 je Minute betragen

Versteht dich dein Hund?

Die Vorfahren unserer Haushunde lebten in Rudeln, in denen der stärkste Rüde der Anführer war. Nach ihm richteten sich alle anderen Tiere. Wenn du dir einen Welpen schenken läßt, so übernimmst du selbst für den jungen Hund die Rolle des Leittieres. Er wird dir gehorchen, wenn du ihm deine Befehle so gibst, daß er dich verstehen kann. Natürlich versteht der Hund keine Sprache, aber aus dem Tonfall kann er erkennen, ob du ihn lobst oder ob du ihm etwas verbietest. Deshalb ist es wichtig, daß du immer die gleichen, kurzen Worte gebrauchst, z.B. „sitz" oder „pfui"! Merke dir: Loben ist wichtiger als strafen, und schlagen ist sinnlos!

Verstehst du deinen Hund?
Ein Hund spricht mit dir auf seine Weise. Durch eine bestimmte Körperhaltung zeigt er, was er empfindet:

Spielerisch

Dieser Hund möchte mit dir spielen

Angriffslustig

Dieser Hund droht und wird angreifen

Wachsam

Dieser Hund meldet etwas

Angstvoll

Dieser Hund fürchtet sich

Wie du deinen Hund erziehst

Einen folgsamen Hund erhältst du nur, wenn du längere Zeit und regelmäßig mit ihm trainierst. Dazu gehört viel Geduld – vor allem bei dir! Der Hund ist in den meisten Fällen gutwillig, aber du darfst ihn nicht erschrecken. Zuerst gewöhnst du ihn an deine Sprache, indem du zu ihm sprichst. Was du sagst, ist dabei gleichgültig, es muß nur zu erkennen sein, daß du ihn lobst und ermutigst, aber auch, daß du energisch wirst, wenn du etwas verbietest.
Gib deinem Hund einen kurzen Namen, an den er sich schnell gewöhnen kann. Gib kurze Befehle, die er sich dem Laut nach merken kann, z.B. „bei Fuß“, „sitz“, „Platz“ usw. Erst wenn der Hund diese Kommandos versteht und befolgt, solltest du in der Erziehung weitergehen.

Was du beachten mußt

1. Gib deinem Hund ein eigenes Lager, nimm ihn nicht mit in dein Bett.
2. Füttere deinen Hund regelmäßig zweimal täglich, gib ihm keine Zwischenmahlzeiten.
3. Gib das Futter in einem besonderen Napf, der nicht mit dem Geschirr zusammen abgewaschen werden darf.

Der Hund muß ein Halsband tragen

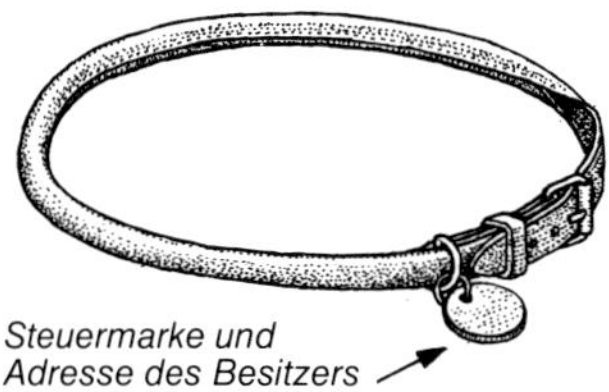

Steuermarke und Adresse des Besitzers

4. Halte deinen Hund sauber.
5. Verhindere, daß dein Hund ständig kläfft und die Nachbarn stört.
6. Bringe deinen Hund rechtzeitig unter, wenn du ihn nicht mit in die Ferien nehmen kannst.

Laß deinen Hund nicht aus dem offenen Autofenster schauen

7. Gib deinem Hund dort Auslauf, wo es erlaubt ist.
8. Halte deinen Hund auf der Straße und in Ortschaften an der Leine.

9. Nimm deinen Hund nicht in Läden mit, in denen Nahrungsmittel verkauft werden.
10. Laß deinen Hund nicht streunen.
11. Achte darauf, daß dein Hund keine Leute anspringt. Manche Menschen haben Angst vor einem Hund.
12. Richte deinen Hund ab, damit er dir gehorcht.
13. Laß deinen Hund vom Tierarzt untersuchen und impfen.
14. Bringe deinen Hund zum Tierarzt, wenn er sich nicht vermehren soll.

Gebrauchshunde

Der Collie umkreist die Herde und läßt nicht zu, daß ein Schaf ausbricht

Schäferhunde
Seit vielen hundert Jahren werden Hunde zum Schafhüten verwendet. Sie umkreisen die Herde, damit die Tiere zusammenbleiben, und beschützen sie vor Raubtieren. Der Deutsche Schäferhund, der Collie und der Australische Kelpie sind die bekanntesten Rassen.

Auf Anweisung des Jägers legt der Labrador die Beute ab

Jagdhunde
Die Vorstehhunde bleiben solange beim Jäger sitzen, bis der Schuß gefallen ist. Dann holen sie das tote Tier herbei und legen es auf ein Zeichen des Jägers ab. Sie spüren das Wild aber auch auf und bleiben solange davor stehen, bis der Jäger es entdeckt hat.

Der Schäferhund ist so dressiert, daß er auf Befehl angreift

Polizeihunde
Die Polizei verwendet Hunde bei der Verfolgung von Verbrechern und bei der Spurensicherung, seit neuem auch zum Aufspüren von Rauschgiften. Der Deutsche Schäferhund, der Dobermann, der Rottweiler und der Labrador werden dafür besonders geschätzt.

Der Blindenhund geleitet seinen Begleiter über einen Zebrastreifen

Blindenhunde
Diese Hunde tragen ein besonderes Geschirr um den Hals, das der Begleiter in der Hand hält. Man verwendet Hunde, die den Verkehr und die Geräusche der Stadt von Jugend an kennen. Sie erhalten eine Ausbildung, die über 5 Monate dauert.

Fachworterklärung

Befederung: Die lange seidige Behaarung der Gliedmaßen.
Fahnenrute: Der auf der Unterseite lang behaarte Schwanz eines Hundes.
Fang nennt man das Maul des Hundes.
Hängeohr nennt man das flach an der Wange herabhängende Ohr.
Hündin: Erwachsener weiblicher Hund.
Kehlhaut nennt man die Hautfalten an der Kehle des Hundes.
Kragen: Bei einem sehr langen Fell bildet sich um den Hals oft ein Kragen.
Kupieren: Abtrennung eines Teiles der Rute oder der Ohren – eine beim jungen Hund vorgenommene, schmerzlose Operation.
Läufe: Die Beine des Hundes.
Ringrute: Der zu einem Ring gebogene, über dem Rücken des Hundes liegende Schwanz.
Rosenohr nennt man ein halb aufrechtes, nach hinten und gegen den Hals gebogenes Ohr. Es kommt oft bei Windhunden vor.
Rüde: Erwachsener männlicher Hund.
Rute: Der Schwanz des Hundes.
Säbelrute nennt man einen hochgetragenen, etwas nach oben gebogenen Schwanz.
Stop ist eine Stufe im Profil des Hundes, sie liegt vor oder etwas unter den Augen.
Überfallohr nennt man ein halb aufrechtes Ohr, dessen obere Hälfte nach vorn überkippt.
Wamme nennt man dicke und schwere Hautfalten an der Kehle.
Welpe ist ein junger, wenige Wochen alter Hund.

Farben

Aalstrich nennt man eine dunkle Linie, die sich über den Rücken zieht.
Blesse: Ein helles Abzeichen, das sich über die Stirn bis zur Nase zieht.
Brustkreuz: Ein helles oder weißes Abzeichen, das sich vom Kopf bis zur Unterbrust zieht und durch ein ebensolches Querband durchkreuzt wird.
Gestromt nennt man ein Fell, das auf einem einfarbigen Grundton regelmäßige Reihen von dunkleren Haaren hat.
Kiss Marks sind Wangenflecke, die entweder schwarz oder lohfarben sind.
Lohfarben nennt man eine helle, rotbraune Farbe.
Mantel nennt man eine meist dunkle Platte, die den ganzen Körper bis zum Hals, den Beinen und bis zur Rute umzieht.
Maske: Ein dunkles Abzeichen, das sich über Augen, Nase und Fang zieht.
Platten nennt man große, nebeneinanderliegende, dunklere Flecke auf hellerem Untergrund.
Sattel nennt man eine dunklere Platte auf dem Rücken.

Vereine

Überall gibt es bei uns Klubs und Züchter, die sich die Pflege, Erhaltung und Verbesserung von Hunderassen zum Ziel gesetzt haben. Es ist ganz unmöglich, hier auch nur eine kleine Auswahl von ihnen zu nennen. Wenn du Auskünfte über eine bestimmte Hunderasse, über den nächsten örtlichen Verein und über spezielle Literatur haben willst, so wendest du dich am besten an eine der folgenden Adressen:

In Deutschland: Verband für das Deutsche Hundewesen e.V. (VDH), Schwanenstr. 30, 46 Dortmund.

In Österreich: Österreichischer Kynologen-Verband (ÖKV), Schweighofergasse 3, 1070 Wien.

In der Schweiz: Schweizerische Kynologische Gesellschaft (SKG), Spitalgasse 14, 3001 Bern.

Punktekarten

Die Hunderassen sind hier in der gleichen Reihenfolge aufgeschrieben wie im Buch. Wenn du eine Rasse gesehen hast, so trage das Datum ein. Zähle am Abend die Punkte zusammen, die du erreicht hast.

Seite	Art	Punkte	Datum	Datum	Datum
6	Saluki, Pers. Windhund	15			
6	Borsoi	10			
6	Afghanischer Windhund	5			
7	Irischer Wolfshund	15			
7	Deerhound, Schott. Hirschhund	20			
7	Lurcher	15			
8	Pharaonenhund	20			
8	Laufhund der Balearen	20			
8	Slaughi, Arab. Windhund	25			
9	Whippet	5			
9	Greyhound	5			
9	Italienisches Windspiel	15			
10	Groenendael	20			
10	Malinois	25			
10	Tervueren	20			
11	Deutscher Schäferhund	5			
11	Collie, langhaarige Form	5			
11	Collie, kurzhaarige Form	10			
12	Bobtail, Old English Sheepdog	5			
12	Bearded Collie	10			
12	Sheltie, Shetland Sheepdog	5			
13	Komondor	25			
		Summe			

Seite	Art	Punkte	Datum	Datum	Datum
13	Puli	20			
13	Tibet-Terrier	15			
14	Briard	15			
14	Bouvier, Flanderntreibhund	25			
14	Border-Collie	5			
15	Maremmaner Hirtenhund	25			
15	Kuvasz	25			
15	Pyrenäen-berghund	10			
16	Vallhund, Schw. Schäferspitz	25			
16	Pembroke-Corgi	5			
16	Cardigan-Corgi	10			
17	Kelpie	25			
17	Norwegischer Buhund	20			
17	Australischer Schäferhund	25			
18	Boxer	5			
18	Bullmastiff	10			
18	Rottweiler	10			
19	Deutsche Dogge	10			
19	Dobermann-Pinscher	5			
19	Dalmatiner	5			
20	Karabash	25			
20	Leonberger	25			
		Summe			

Seite	Art	Punkte	Datum	Datum	Datum
20	Portugies. Schäferhund	25			
21	Neufundländer	20			
21	Bernhardiner	15			
21	Sennenhund, Berner	20			
22	Riesenschnauzer	20			
22	Schnauzer	20			
22	Zwergschnauzer	10			
23	Keeshond	10			
23	Schipperke, Belg. Schifferspitz	15			
23	Bulldogge	10			
24	Drentse Patrijshond	25			
24	Britanny-Spaniel	25			
24	Großer Münsterländer	20			
25	Welsh Springer Spaniel	20			
25	English Springer Spaniel	10			
25	Irischer Wasserspaniel	20			
26	Cocker-Spaniel	5			
26	Amerikanischer Cocker-Spaniel	10			
26	Field-Spaniel	20			
27	Sussex-Spaniel	20			
27	Clumber-Spaniel	20			
27	Kleiner Münsterl. Heidewachtelhund	25			
28	Chesapeake Bay Retriever	25			
28	Labrador-Retriever	15			
		Summe			

Seite	Art	Punkte	Datum	Datum	Datum
28	Kraushaar-Retriever	15			
29	Flat Coated Retriever	10			
29	Golden Retriever	5			
30	Englischer Setter	10			
30	Gordon-Setter	15			
30	Irischer Setter	5			
31	Vizla, Kurzhaar. Ung. Vorstehhund	20			
31	Pointer	10			
31	Kurzhaariger Dtsch. Vorstehhund	15			
32	Französische Bulldogge	20			
32	Boston-Terrier	20			
32	English Toy Terrier	20			
32	Zwergpinscher	15			
33	Mops	15			
33	Chow-Chow	10			
33	Löwchen	20			
33	Chinesischer Schopfhund	25			
34	Cavalier King Charles Spaniel	5			
34	King Charles Spaniel	15			
34	Tibet-Spaniel	5			
34	Bichon à Poil Frisé	15			
35	Japan-Chin	20			
35	Papillon	15			
35	Deutscher Kleinspitz	10			
		Summe			

Seite	Art	Punkte	Datum	Datum	Datum	Seite	Art	Punkte	Datum	Datum	Datum
35	Affenpinscher	25				42	Bedlington-Terrier	10			
36	Shih-Tzu	15				42	Foxterrier, glatthaarige Form	5			
36	Malteser	15				42	Foxterrier, drahthaarige Form	5			
36	Pekinese	5				43	Manchester-Terrier	15			
36	Lhasa Apso	15				43	Bullterrier	10			
37	Australischer Silky-Terrier	25				43	Staffordshire-Bullterrier	5			
37	Yorkshire-Terrier	5				43	Jack Russell-Terrier	10			
37	Griffon Bruxellois	20				44	Alaska Malamute	25			
38	Chihuahua, kurzhaarige Form	15				44	Sibirischer Husky	20			
38	Chihuahua, langhaarige Form	15				44	Samojede	10			
38	Pudel	5				45	Grauer Elchhund	10			
39	West Highland White Terrier	5				45	Rhodesian Ridgeback, Pronkr.	15			
39	Schotten-Terrier	10				45	Finnenspitz	15			
39	Sealyham-Terrier	15				46	Basset Hound	5			
39	Cairn-Terrier	10				46	Basset Griffon Vendéen	20			
40	Norwich-Terrier und Norfolk-Terrier	15				46	Beagle	5			
40	Border-Terrier	10				46	Basenji	10			
40	Australischer Terrier	20				47	Bloodhound, Hubertushund	15			
40	Dandie Dinmont Terrier	15				47	Foxhound	10			
41	Airedale-Terrier	10				47	Otterhound	20			
41	Lakeland-Terrier	10				48	Kurzhaar-Dachshund	5			
41	Welsh-Terrier	15				48	Langhaar-Dachshund	10			
41	Kerry Blue Terrier	10				48	Rauhhaar-Dachshund	15			
42	Irischer Terrier	15									
		Summe						Summe			

Namensverzeichnis